百角文库

看得懂的宇宙

卢炬甫　著

中国少年儿童新闻出版总社
中国少年儿童出版社
北　京

图书在版编目（CIP）数据

看得懂的宇宙 / 卢炬甫著 . -- 北京 : 中国少年儿童出版社 , 2024.1（2024.7重印）
（百角文库）
ISBN 978-7-5148-8452-4

Ⅰ . ①看… Ⅱ . ①卢… Ⅲ . ①宇宙 – 青少年读物
Ⅳ . ① P159-49

中国国家版本馆 CIP 数据核字（2024）第 002007 号

KANDEDONG DE YUZHOU
（百角文库）

出版发行 中国少年儿童新闻出版总社
中国少年儿童出版社

执行出版人：马兴民

责任编辑：赵 勇　　　　　　　　　　责任校对：杨 雪
美术编辑：曹 凝　　　　　　　　　　责任印务：厉 静

社　　址：北京市朝阳区建国门外大街丙 12 号　　邮政编码：100022
编 辑 部：010-57526306　　　　　　总 编 室：010-57526070
发 行 部：010-57526568　　　　　　官方网址：www.ccppg.cn

印刷：河北宝昌佳彩印刷有限公司

开本：787mm×1130mm　1/32　　　　　　　　印张：3.25
版次：2024 年 1 月第 1 版　　　　　印次：2024 年 7 月第 2 次印刷
字数：33 千字　　　　　　　　　　印数：5001-11000 册

ISBN 978-7-5148-8452-4　　　　　　　　　定价：12.00 元

图书出版质量投诉电话：010-57526069　　　电子邮箱：cbzlts@ccppg.com.cn

序

　　提供高品质的读物，服务中国少年儿童健康成长，始终是中国少年儿童出版社牢牢坚守的初心使命。当前，少年儿童的阅读环境和条件发生了重大变化。新中国成立以来，很长一个时期所存在的少年儿童"没书看""有钱买不到书"的矛盾已经彻底解决，作为出版的重要细分领域，少儿出版的种类、数量、质量得到了极大提升，每年以万计数的出版物令人目不暇接。中少人一直在思考，如何帮助少年儿童解决有限课外阅读时间里的选择烦恼？能否打造出一套对少年儿童健康成长具有基础性价值的书系？基于此，"百角文库"应运而生。

　　多角度，是"百角文库"的基本定位。习近平总书记在北京育英学校考察时指出，教育的根本任务是立德树人，培养德智体美劳全面发展的社会主义建设者和接班人，并强调，学生的理想信念、道德品质、知识智力、身体和心理素质等各方面的培养缺一不可。这套丛书从100种起步，涵盖文学、科普、历史、人文等内容，涉及少年儿童健康成长的全部关键领域。面向未来，这个书系还是开放的，将根据读者需求不断丰富完善内容结构。在文本的选择上，我们充分挖掘社内"沉睡的""高品质的""经过读者检验的"出版资源，保证权威性、准确性，力争高水平的出版呈现。

通识读本，是"百角文库"的主打方向。相对前沿领域，一些应知应会知识，以及建立在这个基础上的基本素养，在少年儿童成长的过程中仍然具有不可或缺的价值。这套丛书根据少年儿童的阅读习惯、认知特点、接受方式等，通俗化地讲述相关知识，不以培养"小专家""小行家"为出版追求，而是把激发少年儿童的兴趣、养成正确的思考方法作为重要目标。《畅游数学花园》《有趣的动物语言》《好大的地球》《看得懂的宇宙》……从这些图书的名字中，我们可以直接感受到这套丛书的表达主旨。我想，无论是做人、做事、做学问，这套书都会为少年儿童的成长打下坚实的底色。

中少人还有一个梦——让中国大地上每个少年儿童都能读得上、读得起优质的图书。所以，在当前激烈的市场环境下，我们依然坚持低价位。

衷心祝愿"百角文库"得到少年儿童的喜爱，成为案头必备书，也热切期盼将来会有越来越多的人说"我是读着'百角文库'长大的"。

是为序。

马兴民

2023 年 12 月

目　录

大气层给天文观测添麻烦

地球周围的大气层是地球的保护罩，确实有非常重要的作用。可是它也有不好的一面，它给天文学家的研究工作造成了很大的困难。

大气能吸收恒星、星系（我们把它们统统叫作天体）发来的紫外线、X线等射线，使它们不能到达地面。只有可见光（就是人的眼睛能看见的光线）和一部分无线电波能从窗口进来。天体发来的绝大部分射线都给挡住了。

这可使天文学家很不高兴。为什么呢？因

为天文学家的工作，就是研究天体的各种性质。他们既不能在实验室里做出一个天体来研究，也不能自己跑到天体近旁去观察，唯一的办法就是依靠天体发来的射线。可别小看那些射线，它们都是"通信员"。分析它们带来的情报，就能知道天体的各种性质。现在绝大多数"通信员"都被那不留情面的大气层挡在大门外了，这可真是糟糕。那么厚的大气层，搬又搬不掉，避又避不开，成了天文研究工作中的一个大障碍。

怎么办呢？只有一个办法——跳出去！跳到大气层外面去，不是所有的射线都能接收到了吗？当然，这也是很不容易的事情。但是，科学家们做了顽强的努力。开始时，他们把各种天文仪器用气球、火箭送到高空去。后来，又发展到利用人造卫星来进行观察测量。现

到大气层外面去

人类已经成功地登上了月球，空间探测器也能飞到太阳系的各个行星近旁去考察。大气层这个障碍终于被人类的智慧给突破了，天体发来的射线几乎全部都能接收到，而被利用来研究天体了。

日全食是天文观测的好帮手

地球绕着太阳转，月亮又绕着地球转。有时候，月亮正好转到地球与太阳之间，把太阳遮住了，这种现象就叫日食。如果太阳完全被遮住，就叫日全食。

在天文学家看来，日食，尤其是日全食，是极宝贵的时机。因为在这种时候，可以进行许多平时难以进行的观察测量工作。下面，我们来谈谈其中的一项观测研究工作。

恒星发来的光从太阳附近经过时，由于受

到太阳的引力，所走的路线会发生偏折，不再沿着原来的直线前进。按照牛顿的引力理论，可以计算出星光偏折的角度有多大。可是，在1915 年，伟大的物理学家爱因斯坦建立了一个新的引力理论，叫作广义相对论。按照广义相对论计算出来的星光偏折的角度，比按照牛顿引力理论算出来的要大一倍。

这下问题就来了：两个理论算出来的结果究竟哪个对呢？实践是检验真理的标准。只有实际测量一下，看看星光到底偏折了多少，才能断定哪个结论是对的，哪个结论是错的。可是，这种测量在平时是很难进行的，因为太阳的光芒太耀眼，星星的光根本看不到。唯一的机会就是在发生日全食的时候，太阳光被遮住了，星光不就露出来了吗？

于是，天文学家们就抓紧日全食的宝贵时

机来进行观测工作。办法是这样的：在日全食的时候，拍摄下太阳附近恒星位置的照片。注意，这时拍摄下来的并不是恒星的真实位置，而是星光偏折以后我们看到的恒星位置。那么，恒星的真实位置怎么知道呢？过半年以后，地球转到了太阳和我们拍摄过的恒星之间。这时

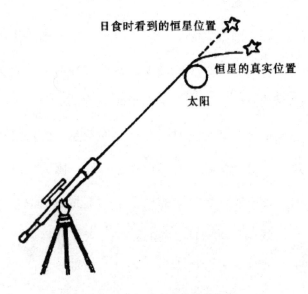

星光经过太阳近旁时偏折的角度

再在夜晚对那些恒星拍照，这样得到的就是恒星的真实位置了。把前后两张照片拿到一起仔细对比，看看日全食对恒星的位置改变了多少，就能算出星光经过太阳近旁时偏折的角度了。

英国天文学家爱丁顿首先在 1919 年的一次日全食时进行了上面说的测量工作。结果证明，按照广义相对论算出的星光偏折角度是正确的，而按照牛顿引力理论算的数值不对。

这件事在当时轰动了全世界。这是因为，到那时为止，牛顿的理论已经建立了大约 200 年，取得了极大的成功。而爱因斯坦的广义相对论刚刚提出几年，竟然在和牛顿理论较量时取得了胜利。后来，广义相对论还成功地经受了其他实践检验。现在，科学家们公认，它是一个比牛顿理论更正确更先进的科学理论。

不过，这决不是说牛顿的理论全错了，被

推翻了。没有牛顿理论做基础，广义相对论就不可能产生出来。直到今天，牛顿理论仍然有极广泛的应用。所以，在从初中到大学的物理课中，同学们主要还是学习牛顿理论。

水星证实了相对论

水星是离太阳最近的一颗行星。叫它水星，真是名不副实，因为它上面并没有水。水星的外表跟月亮很像，到处都是大大小小的环形山；也没有空气，白天受太阳暴晒，温度高到400℃以上，夜晚一下子又冷到接近零下200℃。

可是，这么一颗死气沉沉，好像一点儿也不可爱的行星，却长时期地吸引着许多天文学家和物理学家。它对物理学理论的发展做出的贡献可大呢！

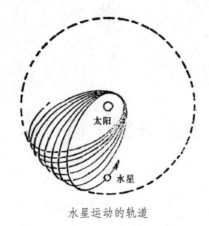

水星运动的轨道

　　水星和其他行星一样，也沿着椭圆形的轨道围绕着太阳转圈子。椭圆有两个焦点，太阳在一个焦点上，也就是偏一边的。椭圆有长轴和短轴，它们相当于圆的直径。很早，天文学家就发现，水星轨道的长轴方向在缓慢地转动着。那么，水星的轨道成了个什么样子呢？就像图上画的那样一种花瓣形状的曲线。水星的轨道上最靠近太阳的点叫近日点，也就是近日点在空间有小小的移动，这种现象就叫作水星近日点进动。其实，地球也好，其他行星也好，都是这个样子的。只不过水星离太阳最近，进动比较明显一点，容易观测得准确，所以科学家们就最注意它了。

这样一种奇怪的行动，是怎么形成的呢？科学家们首先是想：是不是其他行星的万有引力，使水星的椭圆轨道发生改变？但是，按照牛顿引力理论算出来的结果，把别的行星的影响都除去以后，还是和实际测量不符合。根据万有引力定律，发现了海王星、冥王星，预报日食、月食发生的时刻，都很准确，为什么用到水星运动就不灵了，是不是万有引力定律还有不完备的地方？后来又有人猜想，可能还有一颗大家都不知道的行星，由于它的引力的影响，使水星的轨道成了这个样子。甚至还有人给那颗不知道的行星起了个名字，叫"火神星"。许多天文学家不怕辛苦，努力想找到它，结果找了 100 多年，连影子也没有见到。水星近日点的进动，就成了一个长期解决不了的大难题。

这个难题是伟大的物理学家爱因斯坦解决的。1915 年，爱因斯坦建立广义相对论以后，提出三个预言，供实验验证。第一个就是水星近日点的进动；第二个是前面已讲到的恒星光线在太阳附近偏折的现象；第三个是太阳的光线向红方向移动的现象。根据广义相对论的引力理论，算出来水星的轨道不是一个闭合的椭圆，与水星运动的实际情况符合得很好。这是广义相对论的第一个胜利。在对广义相对论的几次实验检验中，对水星运动轨道的实际观测最精确，所以，在这个问题上的检验是最严格的，这是对广义相对论的一次最有力的验证。这也证明了，爱因斯坦的广义相对论比牛顿引力理论又前进了一步。

木卫一帮助人类首次测量光速

现在我们知道，光的前进速度是 30 万千米 / 秒。这么大的速度是怎么测量出来的呢？科学家们为了测量光的速度，顽强地努力了好几个世纪。

第一个想要测量光速的科学家是伽利略，但是他没有成功。他设计的方法是这样的：让甲乙两人在夜里相隔一段距离面对面站着，每人都拿一盏提灯。甲首先开灯，乙一看到甲的灯光立刻打开自己的灯。甲记下从自己开灯起到看到乙的灯光为止所经过的时间。然后用甲乙之间距离的 2 倍去除以这个时间，就得到光的速度。

伽利略的这个方法，道理是对的。但是他没有估计到，光跑得实在太快了。就算甲乙两人相隔几千米远，光来回一趟也只要十万分之几秒钟的时间。而人的反应时间和开灯、记时动作用的时间要比这长得多。所以他的方法实际上是行不通的。

但是伽利略的失败却使后来的人受到了启发。光跑得这么快，看来应该让它跑一段很长很长的距离，这样所花的时间才能测得出来。这种长距离的测量在地面上是无法进行的，只有在天上，天体之间的距离才有这么长。

丹麦天文学家罗默在 1675 年首先通过天文观察来测量光速。他的观测对象就是木星的一个卫星。

木星的 16 个卫星中最大的 4 个，是伽利略最先用望远镜看到的。他把它们分别叫作木卫一、木卫二、木卫三、木卫四。木卫一绕着木星转圈子，有时候转到了木星背后，被遮住了。木卫一绕木星转完一圈的时间大约是 42 小时。看起来，木卫一应该是每隔 42 小时被木星遮住一次。有一年，罗默就按这个想法，预计 6 个月之后木卫一被遮住的时间，观测的结果与预计被遮住的时间相差了大约 22 分钟。

罗默很聪明地想到，这差的 22 分钟就是光从地球公转的那个椭圆横穿过去所用的时间。像图上画的那样，一年中的某个时候，地球离木星最近。半年之后，地球转到了离木星最远的位置（如下页图）。在这两个时候看木卫一，木卫一的光到达地球走过的距离是不同

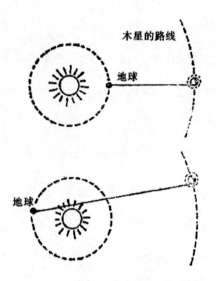

的。相差多少呢？差的就是从地球公转的椭圆这一头到那一头的长度。用这个长度去除以那个 22 分钟，不就把光的速度算出来了吗？

罗默求出的光速是 21 万千米 / 秒。这个结果现在看来很不精确，但却是成功的第一步。在他之后，科学家利用各种科学仪器，通过严谨的实验，已经测出了准确的光速。

每76年来一次的"客人"——哈雷彗星

你见过彗星吗？它有一条长长的发亮的尾巴，像一把扫帚似的横挂在天空，所以它还有另外一个名字叫扫帚星。

太阳系中的彗星多极了，估计大概有1000亿颗。著名的天文学家开普勒说过"彗星在天空里就像鱼在大海里那样多"。不过，绝大多数彗星太暗了，离我们也太远了，很难看到。到现在为止，人类看到过的彗星不过1500颗左右。明亮的彗星就更少了，只有二十几颗。

另外，彗星的数目虽然多，质量却非常非常小，1000 亿颗彗星的质量合起来也只有地球的十分之一。

彗星中最有名的一颗叫哈雷彗星。它沿着一条又扁又长的椭圆形路线，围绕着太阳转圈子，每隔 76 年左右靠近地球一次。英国天文学家哈雷，首先按照牛顿的引力理论，计算出它应该在什么时候在地球附近出现，所以后来大家就把它叫作哈雷彗星。

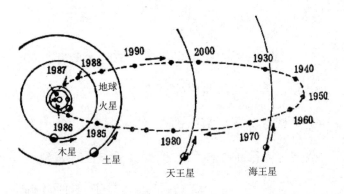

哈雷彗星的轨道

最早看到哈雷彗星的是我们中国人。我国有部名叫《春秋》的古书上写着，公元前613年，有颗彗星在北斗星位置上出现。这是世界上第一次对哈雷彗星的记录。后来，从公元66年开始，这颗彗星每次出现，我国的历史书上都一次不漏地记下来了。

这位天上来客是很守规矩的，它在1985年来到地球附近。1986年4月11日前后，哈雷彗星离我们只有5300万千米，有人亲眼看到了这位好不容易来的"客人"。有的国家还专门派一艘飞船去迎接，直到离彗星核只有605千米的地方，清楚地看到彗核是一个"肮脏的雪球"，形状像土豆。据天文学家估计，哈雷彗星还能存在1万年左右。

彗尾会给地球带来灾难吗?

古时候，人们认为彗星出现是灾祸的预兆。还说彗星的尾巴有毒气，如果一颗彗星来到地球附近，地球从彗尾里钻过去，人就会被毒死。真是这样的吗？

先讲一个故事。1910 年 5 月，哈雷彗星来了。天文学家算出来，它的尾巴在 5 月 18 日这天扫过地球，这个消息宣布后，在欧洲一些国家引起了一片恐慌。神父们宣扬"世界末日"要来临了，许多人祈求上帝宽恕，有的人怕被毒死，竟然去自杀。那么，结果怎么样呢？这一天什么事也没有发生，平平安安地过去了。当科学家告诉大家，地球已经钻出了彗星尾巴的时候，许多人还不肯相信呢！

　　到底是怎么回事呢？彗星的尾巴是一些气体，拖得很长，最长的竟有3亿多千米。彗星尾巴里是含有一氧化碳、氰基等有毒的物质。但是，彗尾的气体太稀薄了，比地球的大气要稀薄几亿倍。彗尾中的有毒物质，比地面上的工厂里、汽车里排出的有毒气体还要稀薄得多，怎么会毒死人，造成人类的灾难呢？

开阳星的小伙伴

北斗七星

天空里灿烂的群星中，最容易识别的要算是北斗七星了。那七颗星晶莹明亮，排列成一个水勺的形状，又像裁缝用的旧式熨斗。在西方国家里，把它们包括在一个大的星座里，叫作大熊星座。

这个熨斗柄上的第二颗星，我国古代把它叫作开阳星。乍看起来它是一颗单独的星。但是，在没有月光的晴朗夜晚，你仔细看看，如果你的眼力好，就会看到它的近旁还有一颗暗淡的小星。据说，古代有些国家在征兵时，还用能不能看到那颗暗星来测验士兵的眼力哩！

像这样一对相互靠得很近的恒星，在天文学上就叫作双星。肉眼能看见的双星很少，一共也只有几对。可是在望远镜里看到的就多极了，到现在已经发现了7万多对。有趣的是，用望远镜来看开阳星和它旁边的暗星，才知道它们还挺复杂！原来，它们不只是一对双星，开阳星本身就是一对双星，那个暗星也是一对双星。后来又进一步看出来，开阳星自己的那一对星都还不是单颗的星，其中有一个本身又是一对双星，另外一个竟是三颗挨得很近的星。这样算起来，开阳星和它旁边的暗星，一共是七颗星。原来，北斗七星里还藏着这么一群小七星呢！

　　你可不要以为天空中双星只是少数。恰恰相反，在银河系的恒星中，单颗的才是少数，大约还不到恒星总数的四分之一。大多数恒星都交了"朋友"，组成双星或者与更多颗星组成小集体。

　　物理双星中的每一颗星，都受到另外一颗星的万有引力。它们就这样你拉着我，我拉着你，在天空中互相绕着转圈子。

　　除了太阳以外，全天空最明亮的恒星是天狼星。它旁边还有一个肉眼看不见的小伙伴，组成一对双星。它们也在那里互相绕着转圈子，每 50 年转完 1 圈。天狼星的质量是太阳的两倍多一点。那个看来又暗又小的伙伴质量可不小，比太阳还略微大一点。它是一颗很特别的星，我们在后面还要专门谈它。

恒星有各种不同的颜色

天上的星星，除了有明有暗以外，颜色也各不相同，有的泛红，有的泛黄，有的泛白，有的泛蓝。大多数恒星的颜色，要用专门仪器来测定，肉眼很难分清楚。但是，有些亮星的颜色是容易看出来的。比如，天狼星和织女星是白色的，离我们最近的一颗恒星南门二是黄色的。猎户星座有7颗亮星，其中6颗是蓝白色的，还有1颗叫参宿四，是红色的。天蝎星座中最亮的一颗星叫心宿二，颜色很红，像火星那样，所以又有个名字叫大火。

为什么恒星会有各种不同的颜色呢？

在炼钢炉里，钢水是蓝白色的。出炉之后，钢水的温度慢慢降了下来，颜色也逐渐变黄、变红，最后凝成黑色的钢锭。钢水颜色由浅变深的这个过程，也就是温度由高变低的过程。

同样的道理，恒星有不同的颜色，也是因为它们的表面温度不同。红色星的温度是最低的，只有 2600℃ ~ 3600℃，黄色星是 5000℃ ~ 6000℃，白色星有 7700℃ ~ 11500℃，蓝色星温度最高，有 25000℃ ~ 40000℃。

我们的太阳是颗黄色星，这个情况可非常要紧。假如太阳是颗红色星，整个地球上就会都像南、北极那样一年到头冰雪覆盖。假如太阳是颗蓝色星呢？地球上的一切东西就都会被烤焦。在这两种情况下，人类恐怕都没法生活了吧。

钢水颜色的变化是那样明显，那样快，恒星的颜色是不是也会变化呢？正是这样。恒星都不是恒定不变的，它们同人的出生、长大、衰老、死亡一样，也有从产生到灭亡的演化过程。所以，不光是颜色会变，其他各方面的特征也都会变。

但是，恒星的一生是很长很长的。拿太阳来说，它的寿命大概有 100 多亿年。这样，恒星的颜色变化非常缓慢。不要说在一个人的一生中，就是在人类有文字记载的几千年历史上，也很难发现这种变化。

不过，我们很幸运，能够知道有一颗星，就是前面提到的参宿四，它的颜色确实变化了。有什么证据呢？这又得感谢我们的祖先——中华民族勤劳智慧的前辈。

我国古代把恒星的颜色分为 5 种，就是白、红、黄、苍（就是青色）和黑（就是暗红色）。每种颜色都选定了一颗星做标准。把别的恒星拿来跟这 5 颗标准星比较，就能定出它们的颜色了。被选为黄色标准的星，就是参宿四。我国古代一部很有名的历史书《史记》上对这些都记载得很清楚。《史记》是在 2000 多年前写的，这说明那时的参宿四颜色是黄的。可是，我们今天看到这颗星的颜色却明明是红的。这就证明，2000 年中，它的颜色确实变了，由黄色变成了红色。

参宿四这颗星的质量很大，大约是太阳的 20 倍。科学家们按照现代的恒星演化理论算出来，这么大的恒星从黄色阶段变到红色阶段，正好要 2000 年的时间。这跟我们祖先的观察记录很符合。

忽明忽暗的变星

　　恒星一生的演化过程，总的说来是非常缓慢的。它们的颜色啦、亮度啦，还有别的特征的变化，一般都很难觉察出来。但是，并不是说恒星一生中什么时候都是这样。当它们进入了自己的晚年阶段，也就是说到了快要灭亡的时候，它们常常会变化得快些、明显些。就拿亮度来说吧，有些到了晚年阶段的恒星，可能在几十年内，甚至短到一天的时间内，就能看得出发生了变化。人们把这种亮度会明显变化的恒星，就叫作变星。

请注意，这里说的变星，是亮度真正变化了，而不是有一个别的星遮住了它的光亮。所以它跟前面说的交食双星是不同的。

在鲸鱼星座有一颗有名的变星，名字很难念，叫作刍藁增二。它的亮度变化得很厉害，最亮的时候跟那颗指示方向的北极星一样亮，暗的时候肉眼完全看不见。

天文学家已经测量出来，它的亮度变化的周期是 331 天，也就是 11 个月的样子。在 11 个月内，有 4 个月的时间肉眼可以看见它。这颗星在 1980 年的 8 月底、9 月初时变到最亮。从这个时间开始算，以后每隔 11 个月左右它又会变得最亮。如果你也想亲眼看看它，那你就在它最亮的时候去找吧。找到以后，只要你坚持观察，你还能看到它渐渐变暗，一直到完全消失。

　　你一定会问，这颗星的亮度为什么会这样有规律地变化呢？原来，它的体积在不停地变化，一下子膨胀，一下子收缩，就像人呼吸时胸部一起一伏一样。它的体积胀大时就显得亮，体积缩小时就显得暗。看来这颗星真是到了晚年，老得不行了，得了"气喘病"，在那里喘着粗气呢。

把造父变星作为"量天的尺子"

　　有些变星，亮度变化的周期没有刍藁增二那么长。比如在仙王星座里有一颗变星，名叫造父一，它的亮度变化一次只要5天多的时间。这颗变星是聋哑天文学家古德里克发现的。后来就把像这颗星那样，亮度变化周期比较短的变星叫作造父变星。造父变星的亮度变化一次的时间，短的只要一天半，最长的也不过80天。

　　造父变星有一个非常宝贵的特性，就是发

光本领越强，亮度变化的周期越长。好比一个身体健壮的人，呼吸得平稳、缓慢。而那些发光本领差的造父变星，就好比是呼吸急促、喘个不停的病人，所以它们的亮度也就变化得快了。

什么是发光本领？原来，我们的眼睛看到的恒星亮度，并不是它们的真正亮度。这是因为，我们看到的亮度是跟距离有关系的。一颗亮星，如果离得远，看起来反而比一颗不那么亮却离得近的星还暗些。所以，要比较恒星的真正亮度，就得想法使它们有一个共同的测量标准来比较。这样比出来越亮的恒星，发光本领才越强。

利用造父变星的这种特性，就可以确定出它们离我们的远近。比方说，有两颗造父变星，我们观察到它们的亮度变化周期一样长，那么它们的发光本领一定是一样强，真正亮度也一定是相同的。如果我们看到它们的亮度不相同，那就说明它们的距离不一样。根据我们所看到的亮暗程度，就可以计算出它们的距离远近。

更重要的是，如果在某一个天体的集体中有造父变星，那么，只要确定了造父变星的距离，也就等于知道了那个集体中其他天体的距离，因为它们和那颗造父变星相隔都不远。比如说，在银河系外面还有千千万万个银河系，它们都叫作河外星系。只要在一个河外星系中找到了造父变星，就可以利用它把那个星系的距离定出来了。

在天文学的研究工作中，测定天体与我们的距离是一个最基本的问题，可又是一个最困难的问题。我们在地面上能用尺子来量两点之间的距离，可是我们不可能运用这种办法去量一个天体离我们有多远。而造父变星却提供了一种巧妙的办法，能帮助我们测量出天体的距离。所以，它们也就得了一个好听的名称，叫作"量天的尺子"。

新星并不新

　　像刍藁增二和造父一这样一些变星，是一些到了晚年、得了"气喘病"的恒星。另外还有一些变星，也是到了晚年的恒星，却不是这样一副可怜相。它们拼全身的力气，大喝一声，来一场猛烈的爆发，使得自己的亮度在很短时间内发生极大的变化。

　　这种变星原来的亮度一般都非常弱，不要说眼睛看不见，用望远镜也很难看到。一下子爆发了，它们的亮度在几天内突然增加几万倍，甚至几百万倍，成为天空中很亮的星，弄得人们受了骗，还以为是天上出现了新的恒星，所以就把它们叫作新星。

还有一些变星，爆发起来比新星还要猛烈得多，亮度会一下子猛增上千万倍，甚至 1 亿倍以上，成为超群出众的亮星。人们又另外给它们起个名字，叫超新星。

其实，什么新星啦，超新星啦，一点儿都不新。恰恰相反，它们都是恒星大家族里的老头子。它们好像不甘心一生就那样平平淡淡、默默无闻，所以在晚年就来了个威武雄壮的精彩表演。

新星是很少见的。到现在为止，在银河系里发现的新星一共才 170 多颗。超新星就更稀罕了，人类有史以来在银河系里一共才观察记录到七八颗。本来，银河系里的超新星也不算太少，估计每 50 年左右出现一颗。但是，如果它发生在银河中心恒星密集的那边，我们就不容易发现它。

要是真能看到一次超新星的爆发，那该真是好看极了。人们通过研究超新星遗迹，推算出大约 1 万年前，在南半球天空的船帆星座中，曾经出现过一颗超新星。它距离地球 1500 光年，这就算是很近的了。在地球上看来，它应该像农历十五的满月那样明亮。

那时的天空中，就同时有两个月亮在照着。可惜，那时的人类还没有发明文字，也没有别的办法能把这个美妙景象记载下来。

世界上最早记录新星的是我国。下页图就是殷代的一片甲骨上的文字，中间一行下面的 5 个字是：新大星并火。意思是有一颗很大的新星，出现在大火（就是心宿二）的附近。这

片甲骨的年代，是公元前 1300 年左右，离现在大约 3300 年。在欧洲，第一次记录新星，是在公元前 134 年，比我国晚了 1100 多年。

我国古代的天文学家们给我们留下了极丰富的、有关新星的资料，对于今天研究恒星的演化，起到重要的作用。

宋朝人看到了超新星爆发

我国古代关于超新星的记录资料，同样也是世界上最丰富最准确的。人类有史以来观察记录到的所有超新星，我国的历史书上没有漏掉一颗。这些超新星中最有名的一颗是在公元 1054 年出现的。关于它，有一个漫长而又有趣的故事。

公元 1054 年，那是我国的北宋时期。有一天早晨，东方天空中的天关星附近突然出现了一颗非常亮的星。它光芒四射，白天看起来像全天空最亮的金星那样明亮。这样一连亮了23天才开始变暗，但是肉眼仍然能看到。一直过了将近两年，它才消失掉。宋代的天文学家把它叫作"客星"。它也的确像是星星大家庭里一位来了又走的客人。

这位客人走后，大约700年中，没有人再看到过它。一直到18世纪时，有个英国人有一次用望远镜观察天空，就在这颗亮星曾经出现过的位置上，看到了一团模模糊糊的气体云，样子活像一只张牙舞爪的螃蟹。后来有人给它起了个名字，就叫蟹状星云。不过起初大家也没怎么注意它。

有意思的是，又过了几十年后再来看时，发现这团气体云膨胀了，"螃蟹"还越长越大了呢。后来，天文学家们又进一步测算出了气体云膨胀的速度。这个速度可真是大，每秒钟

1300 千米。知道了膨胀速度，再把气体云的大小测出来，就可以算出它是在什么时候开始膨胀的了。这样算出来这只"螃蟹"是在 800 多年以前开始膨胀的。这正好跟那颗亮星出现的时间——公元 1054 年非常符合。看来，这团气体云就是那颗超新星爆发后留下来的。

超新星的爆发是那样猛烈，把原来恒星的大部分物质，甚至是全部物质，都给炸得粉碎，成了气体和尘埃，并且向四面八方飞散开去。所以在人们看来就成了一团不断膨胀的气体云。原来的恒星毁灭了，它们在壮烈的爆发中结束了自己的一生。而爆发所形成的气体和尘埃又可以作为产生新的恒星的材料。

恐龙灭绝与小行星

离现在大约 2 亿年到 7000 万年以前，人类还没有产生出来，那时的地球上是恐龙的世界。恐龙有许多种，数量也非常多，有不少种类长相很奇怪。奇怪的是，这些奇形怪状的动物后来突然都在很短的时间内死光了。这是什么原因呢？

大家提出了各种各样的猜测。有的说，地球上有一个时期气候急剧变化，变得非常冷，恐龙都给冻死了。有的说，地球上的食物不够，养不活那么些大家伙，恐龙是饿死的。还有的说，吃植物的恐龙吃了有毒的植物，中毒死了，吃肉的恐龙本来靠吃那些吃植物的恐龙来生存，这下也就跟着饿死了。

可是，也有人说，恐龙灭绝的原因根本就不在地上，而在天上。在离地球很近的天空中，曾经有一颗晚年恒星发生超新星爆发，发出非常强的射线，射到地球上。这些射线对生物是很有害的。一些小动物，还有植物的种子、根，可能躲过这些射线，继续活下来。恐龙这样的

大家伙可就没有地方可以躲藏，只好赤裸裸地受那些射线照射，结果就全部被杀死了。

还有人说，恐龙灭绝的原因是在天上，不过不是超新星的射线杀死的。那是因为有一次，一个直径大约10千米的小行星撞到了地球上，发出了猛烈的爆炸，扬起来大量的尘埃。这些尘埃弥漫在空气中，遮住了太阳，一直过了好几年，才慢慢落回到地面。在这几年中，地面上没有阳光，一片黑暗和寒冷，恐龙也就纷纷死亡。

上面各种看法，究竟是对是错，现在都还不能肯定。我们只知道，在7000万年前，地球上的确曾经发生过一场大灾难，使得恐龙都死光了。究竟是一场什么样的灾难呢？那就需要科学家们继续研究了。

是脉冲星，不是"小绿人"

在英国，曾经流传过一个"小绿人"的故事。说是在某一个遥远的星球上，生活着一种人。可能是由于那个星球的万有引力很大，他们被吸得紧紧的，个子都长不高。也可能是由于那个星球上的文明已经高度发达，那里的人不需要进行多少体力劳动，所以他们的身体就退化了。不管是怎样吧，反正是那种人的个子很矮小。另外，他们也不像地球上的人这样，要依靠一些动物植物作食物来生存。他们的皮肤就和树叶一样是绿色的，所以能够像植物那样，通过光合作用，吸收恒星的光的能量。也就是说，那种人不需要吃东西就能生活。因为那种人个子小，皮肤绿，所以就叫他们"小绿人"。

1967年10月，在英国的剑桥大学有一位年轻的女研究生，名字叫乔斯林·贝尔，正在用一架射电望远镜进行天文研究工作。有一天晚上，她的仪器突然接收到了一种很奇怪的无线电信号。这种信号时起时伏，断断续续，是从太阳系以外的遥远空间发来的。贝尔继续观测，发现这种信号每天晚上都重复出现，而且总是出现在天空中同一个位置，这个位置是在狐狸星座中。可是在这个位置上，以前从来不知道有任何能够发出无线电信号的天体。

乔斯林·贝尔的老师安东尼·休伊什也研究了这个奇怪的现象。他们发现仪器收到的信号，原来是一连串很有规则的脉冲。脉冲是什么呢？就是一种很短促的信号，一下一下地突然出现，又突然停止，就像人的脉搏跳动一样。这些脉冲信号每隔一秒多钟出现一次，两个脉冲之间间隔的时间非常准确、非常稳定，真像是一架电台在那里发信号。休伊什和贝尔就把他们发现的这些"电台"叫作"小绿人一号""小绿人二号"……

是不是真有"小绿人"在给我们发电报想建立联系呢？仔细分析一下就知道，这是不可能的事。因为休伊什他们发现的"电台"不是一个，他们在天空中别的位置上又找到了几个，这些"电台"都在发出又准确又稳定的无线电脉冲。哪里会有这样的巧事：好几个星球上的人同时给我们地球上的人发电报呢？而且，无线电通信专家也曾经仔细研究过那些脉冲信号。查来查去，那些信号不过是一连串的简单信号的重复。那里面不包含任何意义，根本不像是有智慧的人发出来的电报。

这样，休伊什就肯定，那些信号是一种自然现象，是由一种我们以前不知道的天体发出来的。这种新天体后来就被取名叫作脉冲星。

休伊什他们的发现公布以后，全世界的天文学家和物理学家都很感兴趣，许多天文台也都来寻找新的脉冲星。前面说的蟹状星云的中心，就有一颗脉冲星。

高度压缩的中子星

　　科学家们进一步研究了脉冲星的本质，结果弄清楚，原来它们是由挤得紧紧的中子组成的。也就是说，脉冲星实际上是中子星。

　　物质都是由原子组成的。原子分为原子核和电子两个部分。原子核在原子的中心位置，电子围绕着原子核旋转。原子核很小，它的半径只有原子半径的十万分之一；不过，原子的质量几乎全部集中在原子核里，所以，原子就好像是一个小太阳系，里面是空空荡荡的。原子核又由两种更微小的粒子组成，一种叫质子，一种叫中子。在原子核里，质子和中子紧密地挤在一起。

中子星由于全是一个紧挨一个的中子，所以它上面的物质就非常密了。究竟密到什么程度呢？我们知道，组成地球的物质每 1 立方厘米大约是 5 克重的样子，而中子星上 1 立方厘米的物质有多重呢？几亿吨甚至几十亿吨重。你看相差多少！

中子星是怎么来的呢？原来，中子星跟前面说的超新星爆发大有关系，它们就是在超新星爆发时形成的。大多数超新星爆发的时候，原来的恒星整个被炸得粉碎，全部物质都变成了气体和尘埃。但是，也有一些超新星爆发的时候，只炸掉了原来恒星的外层物质，原来恒星中心部分的物质留了下来。由于异常迅猛的坍缩，造成巨大的压力，把原子里原来在核外的电子，几乎全部挤到原子核里，和核里的质子结合成了中子。这时候，恒星中心的物质主要是中子了，就形成中子星。蟹状星云就是这样。那一团正在膨胀的气体云，就是被炸开了的恒星外层物质。星云中心的那颗脉冲星，就是一颗超新星爆发后留下来的中子星。

小而结实的白矮星

　　发生超新星爆发，形成中子星，这是晚年恒星的一条生活道路。但是，并不是所有的恒星都得走这条路，只有那些质量比较大的恒星才是这样。质量比较小的恒星就不会发生超新星爆发，而是变成另外一种也很特别的天体，叫作白矮星。

　　天空中除太阳之外，最亮的恒星是天狼星。它不是一颗单独的星，旁边还有一位小伙伴，和它组成一对双星。这位小伙伴太暗了，肉眼根本看不见。可是它的温度却很高，大约有10000℃，颜色也是白的，和天狼星的颜色一样。既然是这样，为什么它又非常暗呢？这是因为它的个儿太小了。它的表面积只有天狼星的万分之一，虽然它温度很高，发白光，但是它发出来的光总的说来还是很少的，所以就显得很暗了。根据这位伙伴颜色白、个儿矮小的特点，就给它起个名字叫白矮星。

天狼星的小伙伴是人类发现的第一颗白矮星。到现在为止，这种星已经被找到1000多颗了。银河系中没有被发现的白矮星还有很多，估计有几亿颗或者几十亿颗。

白矮星的质量大小不一样，最大的差不多是太阳的一倍半，小的大约是太阳的一半。但是大部分白矮星的个儿却比地球还小。所以白矮星上的物质也是很密的，1立方厘米的物质有一二百千克重。个儿虽然小，却长得结结实实。

白矮星再往后，会慢慢冷下去，温度越来越低，颜色也越来越暗，最后变成黑色，不发光了，再也看不见了。这时候，我们就不应该再叫它白矮星，而应该叫黑矮星。一颗恒星变成了黑矮星，它的一生就真正完结了，留下一具尸体，在宇宙空间飘荡。

前面说过，我们的太阳 50 亿年后会变成一颗红巨星。它在红巨星这个阶段将停留 10 亿年的时间。然后它会收缩、变小，成为一颗白矮星。再过 10 多亿年，它就成了黑矮星。这就是太阳的后半生所要走的道路。

黑暗的无底洞——黑洞

　　根据科学家计算，一个物体要是有 7.9 千米 / 秒的速度，就可以不被地球的引力拉回到地面，而在空中绕着地球转圈子了。这个速度，叫第一宇宙速度。如果要想完全摆脱地球引力的束缚，到别的行星上去，至少要有 11.2 千米 / 秒的速度，这个速度，叫第二宇宙速度，也可以叫逃逸速度。这个结果是按照地球的质量和半径的大小算出来的。就是说，一个物体要从地面上逃脱出去,起码要有这么大的速度。

可是对于别的天体来说，从它们的表面上逃脱出去所需要的速度就不一定也是这么大了。一个天体的质量越是大，半径越是小，要摆脱它的引力就越困难，从它上面逃脱所需要的速度也就越大。

按照这个道理，我们就可以这样来想：可能有这么一种天体，它的质量很大，而半径又很小，使得从它上面逃脱的速度达到了光的速度那么大。也就是说，这个天体的引力强极了，连速度为 30 万千米 / 秒的光都被它的引力拉住，跑不出来了。既然这个天体的光跑不出来，我们当然就看不见它，所以它就是黑的了。光是宇宙中跑得最快的，任何物质运动的速度都不可能超过光速。既然光不能从这种天体上跑出来，当然任何别的物质也都休想跑出来。一切东西只要被吸了进去，就不能再出来，就像掉进了无底洞，这样一种天体，人们就把它叫作黑洞。

我们知道，太阳现在的半径是 70 万千米。假如它变成一个黑洞，半径就得大大缩小。缩到多小呢？只能有 3 千米。地球就更可怜了，它现在半径是 6000 多千米，假如变成黑洞，半径就得缩小到只有几毫米。哪里会有这么大的压缩机，能把太阳、地球缩得这么小呢？这

黑洞

简直像《天方夜谭》里的神话故事，黑洞这东西实在太离奇古怪了。但是，上面说的这些可不是凭空想象出来的，而是根据严格的科学理论得出来的。

原来，黑洞也是由晚年的恒星变成的。前面说过，质量比较小的恒星，到了晚年，会变成白矮星；质量比较大的会形成中子星。现在我们再加一句，质量更大的恒星，到了晚年，最后就会变成黑洞。所以，总结起来说，白矮星、中子星和黑洞，就是晚年恒星的三种变化结果。

星系的形状有规律

到现在为止，用望远镜看到的星系已经有10亿个以上了。这么多的星系散布在茫茫无边的宇宙空间中，如果把宇宙比作辽阔的海洋，星系就好像是海洋中大大小小的岛屿。

这些"岛屿"的形状是各种各样的，大致上可以分成这么4种类型：

有一类星系是椭圆形的，中心部分看上去最亮，越往外面越暗，叫作椭圆星系。

另一类星系中心部分也很亮，从中心伸出

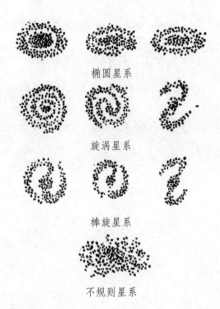

椭圆星系

旋涡星系

棒旋星系

不规则星系

去两条或者更多条弯曲的"手臂"。整个星系的形状像一团旋涡，就叫作旋涡星系。银河系和仙女座星云都是旋涡星系。太阳系正好在银河系的一条"手臂"上。

第三类星系有一根穿过中心的"棒"，从"棒"的两头伸出两条弯"手臂"，就叫作棒旋星系。

另外，还有一类星系跟前面三类都不同。它们没有一个明显的中心，也没有什么规则的形状，说不出像个什么样子，所以干脆就叫作不规则星系。大、小麦哲伦云就是不规则星系。

星系大都有核心

四类星系中的前三类,有一个共同的特点,就是都有一个明亮的核心。只有某些不规则星系没有这样一个核心。

星系的核心是很小的,直径只有整个星系直径的千分之一左右。但是它们的质量却大得很,一般都有几亿个太阳的质量那么大。

这又小又密的核心,就像是星系的"心脏"。人的心脏在一刻不停地跳动,使血液在全身循环,人才有生命的活力。星系的"心脏"也在那里跳动，使整个星系也显得生气勃勃。相反，不规则星系没有这颗"心脏"，常常就是一副死气沉沉的样子。

那么，我们是怎么知道星系的"心脏"在跳动的呢？

第一个证据就是许多星系的核心比别的部分看上去都要亮得多，而且还能发出非常强烈的无线电波和红外线、X射线。

第二个证据是，星系核心的亮度常常在很短的时间内就发生明显的变化。我们在前面讲过恒星亮度的变化主要是有两个原因：一个是恒星在一胀一缩地"喘气"；另一个是恒星发生了猛烈的爆发。总之，是恒星很不平静，在剧烈地活动。所以星系核心亮度的明显变化，也说明那里有很剧烈的活动。

第三个证明星系核心活动的事实是喷射气

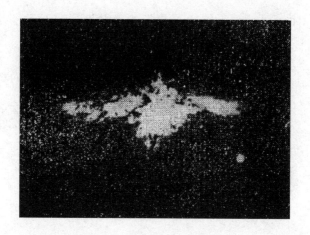

从**M82**的核心喷射出两股强大的气流

体。一般的星系核心都向外喷射气体，速度是
每秒钟几十千米。有些星系核心的喷射还要厉
害得多。举个例子，有个名叫 M82 的星系，
位置就在大熊星座（也就是北斗星）内。从它
的核心有两股强大的气流，朝着两个相反的方
向往外喷射，速度大到 1000 千米 / 秒。单是
这两股气流发的光，就比太阳强几亿倍。你看，
星系核心活动的力量真是大啊！可是，喷射气

体还不是星系核心最热闹的活动，只是大动荡过后的一点小风波。请看下面"宇宙喷灯"你就会知道了。

宇宙喷灯——星系核心会爆发

在室女星座里有一个星系，名叫 M87，它是一个椭圆星系，而且是现在已经知道的所有椭圆星系中质量最大的一个。

在这个星系的照片上，可以看到一根很亮的长条从核心延伸出去，长条的长度有 5000 光年。在这根长条上有 3 团比较亮的和 3 团比较暗的物质，都是从 M87 的核心抛射出来的。这几团物质的质量差不多都有小的星系那么大。

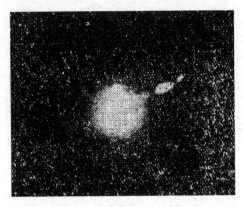

星系M87

后来又发现，在与这根长条正好相反的方向上，还有一根比较短的亮条（上图中看不到）。亮条上也有两个比较小的团块。顺着这根短亮条的方向再往前，还有六七个小星系排成一串。所有这些，很可能也都是从M87的核心抛射出来的，都是那只"老母鸡"下的"蛋"。

怎么解释这些现象呢？原来，M87的核心发生了一次爆发。爆发是沿着两个相反的方向进行的，大量的物质源源不断地被抛射出来，速度很大，形成那两根亮条，在照片上看来就像火焰从喷灯嘴里喷出来一样。这种壮丽的景象就叫作"宇宙喷灯"。

一个大星系的核心爆发，抛出来的物质多到可以形成几个小星系，你就可以想象出这场爆发是多么厉害了。一个星系核心爆发放出来的能量，比起太阳从诞生到现在这 50 亿年中总共放出的能量，还要强 100 亿倍！星系核心的爆发比超新星爆发厉害多了，是宇宙中最雄壮最猛烈的物质运动现象。上一个问题中讲了星系核心活动的三个证据，这爆发就是第四个证据。

星系 M82 的核心，大约在 150 万年前有过一次爆发，抛出了 560 万个太阳那么多的物质，放出来的能量比 1 亿亿亿亿颗氢弹爆炸还厉害。它现在的气体喷射，就是那场大爆发过后的残余活动，好像是炸药爆炸后弥漫的硝烟一样。

还有一个名叫 NGC5128 的星系，它看上去被一条很宽的黑带子拦腰横穿过去，分成了两个半圆。这可真是个奇怪的现象。有的天文学家猜想，可能是那个星系裂开成了两半。要真是这样，那就说明它的核心活动已经不止是向外面抛射物质，而是闹腾到了这样剧烈的地步，把整个星系都炸分了家。

星系NGC5128

银河系核心也曾爆发过

上面介绍了几个星系核心活动的壮丽景象。你大概还要问：银河系是旋涡星系，也有一个明亮的核心，它的核心活动情况怎么样呢？

银河系的直径是 10 万光年，中心部分的厚度为 15000 光年左右。在银河系的中心区域，恒星的数目多极了，比我们太阳的附近要密 100 万倍。天空中除了太阳外，最亮的恒星是天狼星。在银河系中心区域，像天狼星那样明亮的星，有 100 万颗。

　　在恒星分布得这么密的地方，它们之间互相碰撞是常常会发生的。所以，银河系中心是个很危险的区域，那里是不可能有人或者其他生命的。即使曾经有过，也很快就被恒星的碰撞给毁灭掉了。

　　在银河系的历史上，它的核心也曾经发生过比较激烈的爆发。那是在 1300 万年前开始的，一直继续了大约 100 万年的时间，从核心不断地抛出了大量的物质。直到今天，还能观察到一些那次抛出来的气体云。它们正在向银河系外面飞去，速度是 100 千米 / 秒左右。其中有一团气体云，现在正好朝着我们的太阳飞过来。不过，你别担心它会撞上太阳。它飞得不快，飞了 1300 万年，还没到一半路程，离太阳还远着呢。

蓝移和红移

当你坐在一列奔驰的火车里，如果前方也有一列火车鸣着汽笛迎面开来，你会觉得这汽笛声和停在火车站的火车的汽笛声不一样，声音变得又高又尖了。而当火车呼啸着擦身开过，向远处驶去，这时候，你听到的汽笛声又变得低沉了。这是怎么回事呢？声音是什么？是一种波，是在空气中传播的波。声音的变化，是由于发声物体的运动，使得每秒钟里撞击我们耳膜的声波数目发生了改变。这种现象就叫声波的多普勒效应。

多普勒效应不仅适用于声波，也适用于光波。光波的多普勒效应是指一个运动着的发光物体，只要它运动的速度足够快，它所发出的光到达我们眼睛时，颜色会发生改变。肉眼能看见的光一共有7种颜色，就是红、橙、黄、绿、青、蓝、紫这7种。太阳光看起来是白色，其实它是这7种颜色的光混合在一起组成的。雨后转晴时，天上常常出现美丽的彩虹。彩虹上就是这7种颜色，是天空中的许多小水滴把太阳光分开了显出来的。如果一个发光的物体，在朝着我们运动，每秒钟射进我们眼睛的光波的数目就比较多，我们所看见的光的颜色就会改变，向着可见光的紫色一端偏移，这个现象叫作蓝移。反过来，如果发光的物体是在背着我们越跑越远，每秒钟到达我们眼睛的光波数目就比较少，我们看见的光的颜色就会向红色的一端偏移，这就叫作红移。光的颜色蓝移和红移，就是光波的多普勒效应。

传说有这样一个有趣的故事：在一座城市的十字路口，有一个人开着小汽车闯红灯，被警察抓住了。这个人辩解说，他的小汽车朝着红色信号灯开过来，在他看来也就等于是信号灯朝着他运动，根据多普勒效应，应该出现蓝移。红灯在他眼里变成了绿灯，所以，他就没有停车。他说的道理是对的。问题是光每秒钟走30万千米，光波传播得这么快，要使红光在他眼里变成绿光，他的小汽车得以6万千米/秒的速度向信号灯冲去！这是不可能的事，这个人分明是在诡辩。

天文学家们应用多普勒效应，不仅可以计算出各种恒星朝着我们，或者背离我们运动的速度，也用来研究遥远的银河系外的天体。

宇宙正在膨胀

宇宙很大很大，但是，人们可以不断地观察它，研究它，所以，也就可以不断地认识它。天文学家们通过观测、研究星系的运动，又证明了我们的宇宙正在膨胀。

现在，用望远镜看到的星系已经超过 10 亿个。这么多的星系，是不是都在空中静止不动，还是都在运动呢？它们是怎样运动的呢？运用多普勒效应，可以帮助我们弄清楚这个问题。这就是：通过观察河外星系发来的光的颜色，来跟地面上同样的物质发的光进行比较，看看有没有什么不同。如果这两种光的颜色一样，那就证明星系是静止不动的；如果星系发来的光在我们看来蓝移了，那就证明星系是在朝着我们飞过来；如果星系的光是红移，那就证明星系在离开我们向远方退去。天文学家们进行了这样的研究，得出的结果使人吃惊。原来，所有河外星系发来的光的颜色都是红移。也就是说，所有河外星系都在离开我们奔向远方。

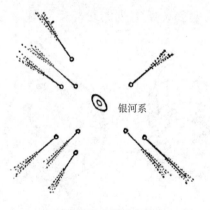

银河系

河外星系的退行

　　是不是只有银河系特别，看到别的星系都纷纷离去；而到别的星系上看，就不是这种情景了呢？不是的，你站到任何一个星系上，看到的都是一样的景象：所有星系都在离开你在的那个星系，向四面八方飞开。

　　这是怎么回事呢？还是打个比方来说吧。假如在气球上涂一些斑点，充气以后，气球膨胀了，那些斑点之间的距离也跟着变大。你想象着站在气球的一个斑点上，当气球膨胀的时候，你会看到，所有别的斑点都渐渐地离开你

气球膨胀，斑点之间的距离变大

站的那个斑点，越离越远。如果你换到别的斑点上去看，看到的情景也是这样。那一个个斑点就好比是一个个星系；气球好比是整个宇宙。斑点之间的距离变大，是因为气球在膨胀。那么，所有河外星系都在离开我们，向远方退去，这个事实，不正好说明整个宇宙正在膨胀吗？

类星体——最遥远的天体

　　河外星系的后退运动，还有一个重要的规律。这就是，离我们越远的星系，后退的速度也越大，它们的光的红移也就越大（也就是说，光的颜色变化得越厉害）。这个重要的规律是美国天文学家哈勃在 1929 年总结出来的，所以就叫作哈勃定律。

　　1963 年，天文学家发现了一种很奇特的天体。它们在望远镜中看起来是个小光点，像是恒星，但毕竟不是恒星，所以就叫它类星体。

类星体的主要特点是，它们的光有非常大的红移。要是按照哈勃定律，由它们的光的红移大小来估计它们的距离，那就得出：类星体是已知的最遥远的天体，它们离我们有好几十亿光年远，甚至接近百亿光年那么远。

光年是光在 1 年的时间里跑的距离。类星体既然离我们有好几十亿光年远，它们的光来到地球上就得花好几十亿年的时间。这就是说，我们今天看到的类星体的光，实际上是它们在几十亿年前发出来的。

太阳系的年龄也不过50亿年的样子。而人类的历史就更短了，大概只有两三百万年。这样看来，我们现在看到的类星体的光，有的在太阳系形成以前就已经出发上路了。当这些光在茫茫的宇宙空间中，以30万千米/秒的速度，一刻不停地奔跑的时候，太阳诞生出来了，地球诞生出来了。当这些光已经跑完了全部路程的99%以上的时候，地球上才开始出现最初的人类。你看，这是多么漫长的路程啊！

既然我们现在看到的类星体的光，是在几十亿年前发出来的，那么，我们现在看到的类星体的位置，当然也就只是它们在几十亿年前的位置了。如果这些类星体现在还在的话，它们在什么地方呢？这我们可不知道。只有等它们现在发的光到达地球的时候才能知道。可是，在这些光到达以前，恐怕地球已经毁灭了。

类星体出的大难题

　　类星体离我们是那么遥远，可是却还能用望远镜看到，那它们的发光本领该是多么强啊！按照它们的距离和亮度，可以算出来，一个类星体发的光要比一个星系发的光强100倍。拿银河系来说，它包含着大约1500亿颗恒星，也就是1500亿个太阳。这么多太阳发的光竟抵不上一个类星体的百分之一！

　　更奇怪的是，类星体的体积并不大，比星系小多了。它们的直径一般只有星系的十万分之一，甚至百万分之一。在最大的望远镜中，它们也只是一个个像恒星那样的小点儿。体积这么小，产生的能量又那么大，究竟是怎么产生出来的呢？像太阳那样，依靠热核反应来发光发热，这对类星体来说肯定是远远不够的。类星体出的这个大难题，使科学家们很伤脑筋。他们做了各种各样的猜想，但是都不能使人满意。这个难题，还不知道谁能解决呢。

宇宙有多大？

　　类星体是最遥远的天体。最远的离地球将近 138 亿光年。这就是说，用最大的望远镜，从地球上往空中任何一个方向看去，最远可以看到大约 138 亿光年的地方。这么一个范围，大致上也就是我们目前可以观测到的宇宙的大小了。地球的半径是 6400 多千米，地球与太阳的距离大约是 1.5 亿千米。而 1 光年就等于 9.5 万亿千米。138 亿光年是多少千米呢？算一下，你就可以看出宇宙是多么巨大了。

在这个巨大无比的宇宙里，一共有多少物质呢？如果把宇宙里全部已经知道的物质，都用来构成太阳这么大的恒星，那么构成的恒星总数大概是 1000 万亿亿个，在"1"后面写上 23 个零。

可是，虽然宇宙中已经知道有这么多物质，如果把这些物质都平均分散到整个宇宙空间去，那么物质又稀疏得使人吃惊。大概每立方厘米的体积内只有 10 万亿亿亿分之一克重的物质，在小数点后面要写上 28 个零。宇宙空间原来是这样空空荡荡！这倒不是因为宇宙中的物质总数量太少，而是因为宇宙实在是太大了。

宇宙的未来会是什么样？

　　宇宙现在正在膨胀。那么，宇宙的未来是个什么样子呢？它是就这样一直膨胀下去，还是重新收缩呢？

　　要回答这个问题，首先要明白，宇宙膨胀的速度不是固定不变的，而是在逐渐减慢。这个道理很简单，因为物质之间都有万有引力，一方面，宇宙在膨胀，宇宙中的物质在互相离开；可是另一方面，万有引力却在把这些物质往回拉，起着减速的作用，所以，宇宙膨胀的速度就越来越慢。问题的关键是，宇宙中物质之间的万有引力有多强。如果引力不是很强，那么，膨胀速度虽然在减慢，却永远也不会减到等于零。也就是说，宇宙将无限地一直膨胀下去。但是，如果物质间的引力很强呢？那么宇宙膨胀的速度就会逐渐减小到等于零。就是说，膨胀会停止。膨胀停止之后，宇宙也不会就那样固定下来，因为万有引力总是存在的，那时它会使物质相互靠拢。也就是说，宇宙会开始收缩，越缩越小。

那么，怎么知道万有引力究竟有多强呢？这就要看宇宙中的物质分布得是密还是稀了。也就是说，要看物质的平均密度有多大。如果密度大，物质分布得密集，万有引力就强，宇宙就会由膨胀变成收缩；反过来，如果密度小，物质分布得稀疏，引力就弱，宇宙就会永远膨胀下去。

上一个问题里讲了，从我们现在知道的情况来看，宇宙中物质的密度很小，引力很弱。所以有些天文学家就根据这个理由，认为宇宙会无限地膨胀。

另一些天文学家不同意，认为问题不那么简单。因为，我们现在所知道的宇宙中物质的密度，不见得就是真实的情况。很可能我们只看到了那些看得见的物质，还有很多看不见的物质被漏掉了，没有把它们算进来。比如说，前面讲过的黑洞，还有黑矮星，就都是看不见的。要是把所有看不见的物质都算进来，宇宙中物质的密度就大了，引力就强了，宇宙将来就可能会收缩。

这两种意见究竟哪一个对呢？现在还不能肯定。这个问题，还需要科学家们继续研究。

宇宙的过去——"原始火球"

  既然宇宙现在正在膨胀、正在变大，那我们就可以这样来想象，在很久很久以前，宇宙是很小的；现在宇宙中的所有物质，那时候全都紧紧地挤在一个很小的范围里。所以，那时的宇宙中，物质一定是很密的。

  另一方面，我们还可以再这样来想：随着宇宙的膨胀，宇宙空间的温度应当是越来越低的。因为气体就有这样一种性质，它在膨胀的时候，只要不给它加热，它的温度一定降低。

宇宙膨胀时温度降低的想法，也是根据这个道理。这样看来，在很久很久以前，宇宙空间的温度很可能非常高。究竟有多高呢？科学家们估计，宇宙最早时的温度大概有 1 万亿℃以上。

把上面说的两个方面合起来就可以知道，在极遥远的过去，宇宙曾经是物质密度非常大、温度非常高的。科学家们给那个样子的宇宙起了个形象的名称，叫作"原始火球"。

这"原始火球"是离现在 100 多亿年以前的事了。那时的宇宙中，没有星系，也没有恒星和行星，只有各种各样的微小粒子紧紧挤在一起。后来，火球爆炸了，物质散开了，宇宙就开始膨胀。随着膨胀，物质的密度越来越小，温度也越来越低，一直变成现在的样子。现在的星系、恒星、行星等各种天体，都是在膨胀的过程中一步步形成的。

现在的宇宙空间已经冷到零下270℃

　　由于宇宙在膨胀，宇宙空间的温度在降低，那么，到现在已经低到什么程度了呢？美国的两位科学家在1965年首先发现，宇宙空间的温度已经低到零下270℃。0℃时水就结冰了，零下270℃可真是冷啊！在物理学上，把零下273℃叫作绝对零度。这绝对零度是物质温度的最低界限，是任何物质都达不到的。可现在宇宙空间的温度已经只比绝对零度高3℃了。

　　当然，这个温度是星系与星系之间的空间

温度，不是说宇宙中什么地方都是这样。在有些地方，比如在太阳上，在恒星上，温度却是很高的，有几千度，甚至几万度。可是，宇宙实在是太大了，实在是太空了。尽管有那么多恒星在发光发热，却不能改变宇宙空间的黑暗和寒冷，哪怕是把那里的温度升高1℃都办不到。

弯曲空间是怎么回事？

我们生活的宇宙是一个弯曲的面，这面上有三个互相垂直的方向。也就是说，我们生活的宇宙空间是弯曲空间。

真是越说越奇怪了，我们周围的空间不明明是平平直直的吗？向任何一个方向画直线，都可以笔直地无限地伸展出去，光都沿着直线前进，哪里看得出什么空间的弯曲呢？

其实这都是一种错觉。产生这种错觉的原因是，人们生活的环境只是宇宙中的一个极小的范围。人们把在这个极小范围里感觉到的现象，当成了整个宇宙空间的性质。打个比方说吧，今天，谁都知道地球是一个圆球，地面是一个曲面。可是古代的人却以为大地是平的。这正是因为地球很大，人的眼力只能看到大地的很小一部分。他们觉得这一小部分好像是平的，就以为整个大地都是平的。

只要认识到地球是个圆球，就很容易懂得，当我们自以为在地面上画了一条直线时，其实我们是在弯曲的地球表面上画了一条曲线。同样，我们觉得好像可以想象一条直线，向空中无限地伸展出去，其实这条"直线"是弯曲的。你向空中发射出一束光线，它在弯曲的宇宙空间兜了一圈后，有可能又回到发射的地方来。这就像你在地球上一直不停地朝着一个方向走，最后又会回到你的出发点一样。

引力透镜——弯曲空间的一种有趣现象

你玩过凸透镜吗？这是一种中间厚周围薄的透明玻璃镜，也就是常说的放大镜。你把它放在太阳光下，它能使阳光偏折，会聚到一个点上。如果在这一点上放有纸片、干草这些易燃的东西，慢慢地就会着火燃烧起来。

在弯曲的宇宙空间，光是沿曲线前进的。当经过质量很大的天体附近时，它走的路线就弯曲得更明显。如果在某一个遥远的天体和地球之间，恰好有一个质量很大的天体（例如一个星系），那么，那个遥远天体发的光走到这个大质量天体附近时，就会明显弯曲。原来的前进方向偏折了，已经扩散开来的光线，又会重新汇聚起来。这个大质量天体起的作用，就正和一个凸透镜相似。这种现象，就叫作引力透镜。

当那个遥远天体的光线，从大质量天体的两边绕过来，并且到达地球上时，我们逆着光线的方向看出去，就能看到那个天体的两个"像"。既然这两个像实际上是同一个天体，两个像的各种特征就应该完全相同。就像你照镜子时，镜子里的像和你本身是完全相同的一

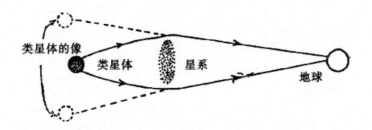

类星体的像　类星体　星系　地球

样。就在 1980 年，天文学家们观察到两个这样的类星体，在天空中的位置相隔不远，射来的光各方面特征都非常相似。它们就是由引力透镜形成的同一个类星体的两个像。后来，天文学家们又进一步寻找，真的发现在这个类星体与地球之间，确实挡着一个质量很大的天体，它是一个椭圆星系。